DE LA

DESTRUCTION DU CHANCRE

COMME MOYEN ABORTIF DE LA SYPHILIS

PAR

M. le Dr Paul SPILLMANN

PROFESSEUR AGRÉGÉ A LA FACULTÉ DE MÉDECINE DE NANCY

Avant d'exposer le sujet proprement dit de ce travail, je crois nécessaire d'insister sur quelques points théoriques.

I.

La plupart des syphiliographes admettent que, lorsqu'un sujet s'expose à l'intoxication syphilitique, le virus, s'il est absorbé dans un point contaminé, est entraîné immédiatement par la circulation ; l'organisme se trouve ainsi infecté avant même l'apparition du chancre, qui ne se produit, en général, qu'au bout de 15 à 20 jours après le coït infectant. Cette opinion est défendue par les maîtres les plus autorisés : Ricord, Fournier, Diday, Rollet, Vidal, Lindwurm, Zeissel, Siegmund, etc. Pour défendre leur théorie, ces auteurs s'appuient sur la clinique et sur l'expérimentation. En effet, la clinique nous apprend que la syphilis n'est plus inoculable sur un sujet déjà infecté, ce qui est une preuve d'infection générale ; d'autre part, l'expérience faite soit à l'aide de la morve, soit à l'aide du virus-vaccin, nous montre que la destruction presque immédiate des tissus où a été pratiquée l'inoculation ne met nullement les sujets contaminés à l'abri d'une infection générale.

En comparant d'autres virus avec le virus syphilitique, on serait donc en droit de dire que l'infection existe avant l'apparition de l'éruption locale, tout comme elle existe avant la production du chancre.

II.

On a soutenu, dans ces derniers temps, la théorie de la non-infection immédiate : le virus resterait pour ainsi dire latent, inactif, dans le point contaminé qui se transformerait en un véritable laboratoire où se développerait le germe morbide destiné à se répandre, à un moment donné, dans tout l'organisme. Il est facile de toucher du doigt la déduction thérapeutique qui découle d'une théorie pareille ; si le virus reste latent pendant un temps donné, il suffira de détruire le point contaminé pour mettre le sujet à l'abri de toute infection ultérieure. En se plaçant au point de vue de la pathologie générale, cette théorie semble avoir quelques apparences de réalité. On a cherché, en effet, et avec raison, à comparer la tuberculose et la syphilis. Toutes deux sont des maladies infectieuses à marche généralement chronique. Elles ont des points d'attache multiples. Or, la tuberculose reste souvent locale. Des ganglions tuberculeux, des lupus, des arthrites tuberculeuses, persistent souvent pendant des années sans donner lieu à aucun phénomène d'infection générale. Pourquoi n'en serait-il pas de même dans la syphilis ? Le virus syphilitique qui a pénétré dans l'organisme par un point contaminé resterait là, modifiant les cellules de proche en proche, provoquant une hyperplasie vasculaire, de l'endophlébite, de l'endartérite locales et ne pénétrerait dans le torrent sanguin, pour y produire une infection générale, qu'après une élaboration isolée et tout à fait latente.

Du reste, on a cherché à expliquer les différentes poussées qui s'observent chez les sujets atteints de syphilis par l'existence d'un virus resté latent dans quelque ganglion isolé et venant, à un moment donné, réinfecter l'organisme.

On pourrait trouver, dans l'histoire des maladies infectieuses aiguës, des faits qui sembleraient confirmer cette opinion. Nous voyons des malades en apparence guéris d'une fièvre typhoïde être repris de fièvre, de diarrhée, présenter, en somme, tous les symptômes d'une infection nouvelle, et bien des auteurs admettent que, dans ces cas, une certaine portion de matière infectieuse, restée latente dans les plaques de Payer ou dans les ganglions mésentériques, a été entraînée de nouveau dans l'organisme pour y développer une infection nouvelle.

Mais quittons ces discussions purement théoriques et voyons quelles conséquences pratiques on en a tirées.

L'idée de détruire le virus syphilitique n'est pas neuve. Jean de Vigo, Hüter, Ricord, l'avaient émise depuis longtemps, mais avant le dualisme. Aussi Ricord, fervent adepte autrefois de la destruction du chancre, en est-il aujourd'hui le plus grand ennemi. Cette idée a été reprise en 1877 par Unna et Auspitz, et le travail de ces auteurs a eu un immense retentissement.

Hüter, Langenbeck, Kölliker, Pospelow, Chadzinscki, Foliena, ont préconisé et vulgarisé cette méthode et ont publié une série de succès.

Zeissel à Vienne, Mauriac, Terrillon et Quinquaud en France, ont publié une série d'insuccès.

« Les résultats obtenus en Allemagne doivent être enregistrés avec soin, dit M. Cornil dans ses *Leçons sur la syphilis*. Ils appuient l'opinion que la syphilis n'est pas d'emblée généralisée. Cette théorie me paraît le mieux concorder avec les faits, mais dans l'état actuel de la science, on ne peut la regarder comme certaine. »

Nous venons d'exposer brièvement les faits qui servent de base à l'étude d'une question dont l'intérêt est incontestable et dont les résultats pratiques seraient immenses si on parvenait à en démontrer la réalité.

III.

Malgré les résultats nombreux publiés tant en Allemagne qu'en France, la question du rôle de la destruction du chancre dans le traitement abortif de la syphilis reste encore entourée de la plus grande obscurité. Il est donc indispensable que l'enquête se poursuive et nous venons apporter ici le fruit de notre propre expérience.

Nous avons commencé nos recherches, il y a un an environ, avec un de nos élèves, M. Boley, externe du service, qui a bien voulu se charger de recueillir les observations et de suivre les malades.

Le procédé opératoire a été très simple ; il consistait à saisir le chancre avec une pince à griffe, à le soulever fortement, et à enlever d'un coup de bistouri toutes les parties malades. Nous avons cherché à amoindrir la douleur à l'aide de l'anesthésie locale.

Malgré la perte de substance souvent considérable, nécessitée par l'ablation complète et absolue de toutes les portions malades et surtout indurées, nous n'avons jamais eu à combattre aucune hémorrhagie importante. La plaie était lavée soigneusement avec une solution phéniquée au $\frac{1}{100}$, les bords réunis ensuite à l'aide d'une suture au fil d'argent et le tout pansé à l'aide de compresses trempées dans une solution phéniquée. Plusieurs de nos malades ont pu continuer à travailler malgré cette opération, et, chez la plupart, il nous a été possible d'enlever les fils le troisième jour, la cicatrisation s'étant produite par première intention. La cicatrice était à peine visible, même dans les cas où des chancres d'un volume assez grand avaient été enlevés, à tel point qu'au bout d'un mois il fallait rechercher la cicatrice pour trouver le siège du chancre.

Dans un seul cas, où l'on s'était servi d'une éponge salie, la plaie s'enflamma et donna lieu à une suppuration qui dura pendant trois semaines environ.

En tout cas, chez aucun de nos malades les cicatrices produites par l'ablation du chancre n'ont en rien gêné l'érection.

Pour que les résultats fussent probants, il était de toute nécessité que la nature de la lésion ne laissât aucun doute dans l'esprit.

Nous avons eu recours, à cet égard, à trois éléments de diagnostic : 1° la confrontation, quand il nous a été donné de l'établir ; 2° l'inoculation ; 3° enfin l'examen histologique. Une fois excisés, les chancres étaient placés dans une solution d'acide osmique et ils furent confiés à l'examen de M. Sadler, chef des travaux histologiques de notre Faculté.

Dans les coupes pratiquées après durcissement, nous avons pu constater une infiltration de la couche papillaire et du derme et une infiltration de cellules entre les fibres du tissu conjonctif. Les tuniques des vaisseaux étaient manifestement épaissies dans certains points. Leur lumière était remplie de globules blancs accolés aux parois.

Ceci dit, nous pouvons aborder l'exposé des faits qui nous sont propres.

Ils sont au nombre de huit.

1er CAS. — *Excision d'un chancre syphilitique pratiquée 15 jours après son apparition. Absence de retentissement ganglionnaire. Aucun accident d'infection.*

Malade âgé de 27 ans, boulanger, d'un tempérament très robuste. N'a contracté jusqu'alors aucune affection vénérienne. Au commencement de janvier 1881, huit jours environ après un rapport suspect, il remarque sur la partie dorsale de la verge, près du repli balano-préputial, un petit bouton rouge du volume d'une lentille, qui ne tarda pas à s'étaler. Quand le malade vint nous trouver, il présentait une érosion de la grosseur d'un haricot, saillante, vernissée, couleur chair de jambon, sans suppuration et reposant sur une base nettement indurée, comme cartilagineuse et donnant au toucher une sensation de résistance comparable à un noyau de fruit. Il n'existait aucune trace d'adénopathie ganglionnaire. Le diagnostic n'était pas douteux, c'était un chancre syphilitique type. L'excision proposée est acceptée et pratiquée le 18 janvier 1881. 48 heures après, les fils sont enlevés, la cicatrisation était parfaite, sans la moindre trace d'induration. Huit jours après, c'est à grand'peine que l'on retrouve la trace de l'excision. Depuis un an que le malade a subi l'opération, malgré des examens fréquents et faits avec le plus grand soin, il nous a été impossible de découvrir aucune manifestation syphilitique. La cicatrice de l'excision est restée souple, aucun ganglion n'a paru dans les aines, le malade n'a présenté ni syphilides buccales, ni roséole, ni psoriasis, ni plaques muqueuses d'aucune sorte.

2e CAS. — *Excision d'un chancre syphilitique 10 jours après son apparition. Pas d'adénopathie inguinale, aucune infection consécutive.*

Homme de peine, 25 ans. A eu, il y a un an, une blennorrhagie suivie d'orchite. Affirme n'avoir pas vu de femme depuis près d'un mois. Le 26 janvier 1881, éprouvant une légère douleur à la verge, il constata une érosion de la grosseur d'une tête d'épingle, entourée d'une auréole rougeâtre. Il vint à notre consultation le 4 février, porteur d'un chancre érosif du volume d'un petit noyau de cerise, situé dans le repli balano-préputial gauche, à peu de distance du frein. Cette érosion, parcheminée, présentait une coloration rouge intense, irisée, comme vernissée, à sécrétion séreuse, à base franchement indurée, qui donnait, en la pressant entre les doigts, une résistance caractéristique. Pas d'adénopathie inguinale. L'excision est pratiquée le 5 février. En exprimant l'éponge qui avait servi à laver la plaie et qui nous avait été remise par l'infirmier du service, nous en voyons sortir un liquide brunâtre. Nous apprenons alors, mais trop tardivement, que cette éponge avait déjà servi à d'autres pansements.

Tout en augurant mal de la possibilité d'une cicatrisation par première intention, nous suturons la plaie à l'aide d'un fil d'argent et ordonnons le pansement phéniqué habituel. Malgré nos recommandations, le malade retourne à son travail et traîne pendant une partie de la journée une charrette pesante.

Le lendemain 6 février, le malade revient avec un œdème considérable du prépuce et nous nous voyons forcés d'enlever les fils.

Le 7, les bords de la plaie sont bleuâtres, boursouflés, la plaie suppure légèrement. Cette suppuration a persisté pendant quelques jours et le malade quitte l'hôpital, dans lequel il s'était décidé à entrer, complètement guéri, le 3 mars. A cette époque, il n'existe aucun accident, ni sur la peau, ni sur les muqueuses. On sent quelques petits ganglions à peine perceptibles dans les aines. Ce malade a contracté depuis une blennorrhagie, mais, malgré les examens souvent répétés auxquels il a été soumis, nous n'avons observé aucun accident spécifique.

Dans cette première série d'excisions qui comprend deux cas, le succès de la méthode abortive paraîtrait absolu.

Notons que chez ces deux malades, il n'existait pas encore d'adénopathie spécifique au moment de l'excision.

L'opération a été très inoffensive dans le premier cas ; dans le second, la plaie s'est enflammée et la cicatrisation a été notablement retardée par suite d'une faute grave commise au moment de l'extirpation.

3° CAS. — *Excision d'un chancre syphilitique pratiquée 8 jours après son apparition. Confrontation. Adénopathie. Insuccès. Accidents consécutifs.*

Jeune homme de 23 ans, négociant, n'ayant encore eu aucune maladie vénérienne. Vit depuis huit mois avec une même femme et affirme n'avoir eu, pendant ce temps, de rapports qu'avec elle seule. A la fin de janvier 1881, s'aperçut d'une légère érosion, peu douloureuse, à la face interne du prépuce, qui s'étendit de plus en plus. Quand il vint nous voir, le 4 février, il présentait à la muqueuse préputiale, un peu à droite du filet, une ulcération indolore, peu profonde, à fond rougeâtre, vernissée, reposant sur une base cartilagineuse, franchement indurée et d'un volume presque égal à celui d'une pièce de 20 centimes. Dans l'aine droite, on sentait trois petits ganglions gros comme une noisette, indolores, roulant sous le doigt ; rien à gauche. L'excision fut pratiquée le lendemain. Le malade ne garda pas le lit, et, 48 heures après, les fils de suture étaient enlevés et la cicatrice parfaite, sans aucune induration.

Sa maîtresse, examinée par nous, portait à la partie interne des petites lèvres, trois érosions papuleuses, manifestations secondaires d'une syphilis qu'elle avoue avoir contractée il y avait deux ans. Rien jusqu'au 3 mars. A ce moment, légère induration de la cicatrice du chancre extirpé; les ganglions inguinaux semblent augmenter de volume, mais ne sont pas douloureux.

Le 8 mars, le malade se plaint de maux de gorge, le voile du palais est rouge, les amygdales gonflées; sur l'une d'elles, on aperçoit une syphilide érosive, ainsi qu'à la partie interne de la lèvre supérieure.

Le 1er avril, le malade contracte une blennorrhagie.

Le 25 avril, poussée de syphilides sur les deux amygdales.

Le 28, roséole abondante sur tout le tronc et l'abdomen.

2 mai : syphilides anales nombreuses.

Un traitement est institué.

Depuis lors, le malade n'a eu que des accidents insignifiants; nous l'avons revu le 2 janvier 1882. Aucune nouvelle manifestation ne s'est produite depuis trois mois. État général excellent.

4ᵉ CAS. — *Excision 10 jours après l'apparition du chancre. Induration de la cicatrice. Adénopathie. Insuccès. Accidents consécutifs.*

Étudiant en médecine, 20 ans. A eu deux blennorrhagies il y a un an. Vit apparaître, vers le 20 mars, dans le repli balano-préputial, une légère saillie rougeâtre qui s'ulcéra légèrement, s'indura et acquit en peu de jours le volume d'une pièce de 20 centimes. Adénopathie insignifiante à gauche.

Le 31 mars, au moment de l'excision, le chancre se présentait sous l'aspect d'une saillie rougeâtre, couleur maigre de jambon, sécrétant un liquide limpide qui, essuyé, se reproduisait rapidement et lui donnait un aspect vernissé. Sa base chondroïde était dure, résistante, peu douloureuse à la pression. Dans l'aine gauche, on sentait deux ganglions indolores, roulant sous le doigt, du volume d'une olive. Tout le gland était enflammé et présentait des érosions superficielles dues à de la balano-posthite. Aussitôt après l'ablation, le malade vaque à ses occupations. Quatre jours après, les fils sont enlevés, la cicatrice est complète, mais présente un peu d'induration.

15 avril : un des ganglions a atteint le volume d'une noix.

Le 20 avril, on voit sur le gland une saillie rouge pâle, ressemblant fort à une papule.

9 mai : le point papuleux persiste; il s'est étendu au delà du repli balano-préputial et a atteint la cicatrice du chancre, qu'il recouvre tout entière le 20 mai.

Enfin, le 25 mai, roséole abdominale et thoracique légère. Les ganglions semblent diminuer de volume.

8 juillet : malgré un traitement institué depuis la fin de mai, plaques muqueuses de la gorge et à l'anus. Depuis ce moment, le malade n'a plus présenté d'accidents. État général très bon.

5° CAS. — *Excision d'un chancre syphilitique 9 jours après son apparition. Induration de la cicatrice. Insuccès. Accidents consécutifs.*

Employé de banque, 26 ans. Homme robuste, n'ayant jamais eu de maladie vénérienne. Le 25 avril, ressentant un peu de cuisson à la verge, il remarque sur la face dorsale du prépuce une petite érosion de la grosseur d'une tête d'épingle, entourée d'une auréole rouge violacé. Il n'y fit d'abord pas grande attention, étant sujet à de l'herpès préputial.

Le 3 mai 1881, il vint nous trouver. Son chancre avait la dimension d'une pièce de 50 centimes ; il était situé sur la face dorsale du prépuce, près du repli balano-préputial. Chancre syphilitique type, rouge vernissé, papuleux, ne suppurant pas, indolore, à bords sclérosés, donnant à la pression une sensation de cartilage. Adénopathie bi-inguinale ; les deux aines présentent chacune un ganglion gros comme une petite olive, dur, roulant sous le doigt, indolore. L'excision est pratiquée le 4 mai ; les sutures sont enlevées le 8, malgré un peu d'œdème du prépuce, la cicatrice est parfaite.

Le 11 mai, l'œdème a disparu, c'est à peine si l'on distingue la cicatrice.

20 mai : le malade se plaint d'une petite tumeur à la verge. C'est la cicatrice qui s'indure ; on perçoit, à ce moment, un chapelet ganglionnaire dans les deux aines ; les ganglions primitifs n'ont pas changé de volume.

25 mai : la cicatrice est complètement indurée et présente un bourrelet légèrement saillant ; l'adénite bi-inguinale est plus prononcée.

28 mai : roséole sur toute la poitrine et le dos.

8 juin : plaques à la gorge. Traitement.

8 juillet : nouvelle poussée de syphilides buccales. Depuis, le malade a présenté une série d'accidents secondaires de la gorge. A l'heure actuelle (janvier 1882), il est resté deux mois sans accidents spécifiques.

6° CAS. — *Excision 8 jours après l'apparition de l'accident primitif. Adénopathie bi-inguinale. Insuccès. Accidents consécutifs.*

Jeune homme de constitution faible, 22 ans. Dessinateur au chemin de fer. S'aperçoit, le 15 juin 1881, d'une érosion de la partie interne du prépuce, près du repli balano-préputial du côté droit. Il l'attribue à un coït suspect effectué au commencement du mois de mai 1881. Quand il vint à notre consultation, ce malade présentait un chancre papuleux, rouge, couleur maigre de jambon, indolore, à bords nettement indurés et du volume d'un gros pois. Adénopathie bi-inguinale. A droite, un ganglion peu volumineux, gros comme une noisette ; à gauche, deux ganglions de même taille, durs et roulant sous le doigt. Excision le 24 juin 1881. Réunion par première intention le 26 juin.

27 juillet : roséole légère du tronc et de l'abdomen.

1er août : roséole plus manifeste en même temps que syphilides très nettes sur les deux amygdales. Traitement.

Jusqu'à ce jour, le malade n'a pas éprouvé d'autre accident que des poussées assez éloignées de syphilides buccales.

Dans cette deuxième série d'excisions, qui comprend quatre cas, l'insuccès de la méthode a été complet. Nous aurions pu nous y attendre jusqu'à un certain point, puisque chez tous nos malades nous avions constaté de l'adénopathie spécifique. On pourrait conclure de là que l'excision, pour avoir quelque chance de succès, ne doit être pratiquée que dans les cas où le système lymphatique semble relativement indemne.

Il est à noter également que, chez trois de nos malades, la cicatrice s'est rapidement indurée. Ce phénomène, quand il se produit, pourrait donc être considéré comme un caractère à peu près certain d'insuccès.

Dans les quatre observations que nous venons de relater, la syphilis semble avoir évolué d'une façon relativement bénigne. En effet, ces malades n'ont été soumis à aucun traitement jusqu'à l'apparition des accidents secondaires et, malgré cela, leur état général est resté excellent.

Est-il permis de dire, pour cela, que l'excision a atténué chez eux l'intensité de la vérole ? Cela n'est guère admissible, car, en somme, nous ne savons pas de quelle façon eût évolué la syphilis chez eux si elle avait été livrée à elle-même, et, d'autre part, nous savons que les manifestations syphilitiques semblent diminuer d'intensité dans un grand nombre de cas, ne donnant lieu qu'à des lésions fort bénignes.

7e CAS. — *Accidents primitifs développés sous nos yeux à l'hôpital. Excision presque immédiate. Adénopathie inguinale légère, induration de la cicatrice: Syphilis grave avec asthénie, alopécie, syphilides papuleuses, psoriasis palmaire, ecthyma.*

Le 14 juin 1881, entrèrent dans notre service deux jeunes filles, deux sœurs : l'une, présentant à la base de la petite lèvre gauche un chancre syphilitique et sur la lèvre postérieure du col de l'utérus une ulcération spécifique de la grosseur d'une pièce de 20 centimes ; l'autre, âgée de 17 ans, avait de la vaginite avec bartholinite du côté gauche et un léger œdème de la petite lèvre du même côté. Le col était un peu granuleux ; rien dans les aines. A la visite du 28 juin, nous voyons avec étonnement, chez cette jeune fille, deux chancres *nains* syphilitiques, papuleux, situés l'un à la base de la grande lèvre gauche, l'autre à la cuisse du même côté, près du pli génito-crural. Le chancre de la grande lèvre avait l'étendue d'une grosse lentille ; il était rouge, couvert d'un enduit brillant ; saisi entre les doigts, il donnait la sensation typique de l'induration spécifique. Le chancre de la cuisse présentait absolument le même aspect. Dans l'aine gauche, on sentait un ganglion indolore, roulant sous le doigt, et de la grosseur d'une noix. Rien à droite.

L'excision des deux chancres est pratiquée le lendemain à l'aide de ciseaux. Les bords de chaque plaie sont suturés au fil d'argent.

Le 1er juillet, la plaie de la grande lèvre est cicatrisée. La malade ayant arraché par mégarde le fil de la plaie de la cuisse, la cicatrisation se fait par deuxième intention. Les cicatrices des deux chancres sont légèrement indurées. L'induration de la cicatrice de la cuisse est plus prononcée ; le ganglion de l'aine gauche a augmenté de volume.

Vers le 10 août, la malade, jusqu'alors gaie et bien portante, se plaint de fatigue ; courbature, lassitude générale, léger mouvement fébrile, et, le 12 août, les bras, la poitrine, l'abdomen, le dos, les cuisses, sont marbrés de macules rouge-brun.

Le 17 août, les avant-bras et les mains sont le siège d'une éruption papulo-squameuse.

24 août : syphilides buccales et pharyngées. La cicatrice des chancres s'indure de plus en plus.

14 septembre : papules secondaires des piliers du voile du palais et des amygdales, surdité concomitante ; la malade perd ses sourcils et ses cheveux. Asthénie et fièvre syphilitique, anémie, amaigrissement rapide. Céphalée intense entraînant l'insomnie. Depuis cette époque, la malade a été soumise, à plusieurs reprises, à des frictions mercurielles, à un régime reconstituant et tonique, mais, malgré cela, elle est sujette, à chaque instant, à de nouveaux assauts de la vérole. Bien que son état général se soit modifié dans ces derniers temps, elle a encore, au moment où nous écrivons ces lignes, des syphilides maculeuses du cou, du psoriasis palmaire et de l'ecthyma des membres inférieurs.

La sœur de cette malade, qui était entrée en même temps qu'elle, atteinte d'un accident primitif de la petite lèvre gauche et qui a été soumise immédiatement à un traitement spécifique, a eu successive-

ment de la roséole et des syphilides buccales, mais a pu quitter l'hôpital, il y a six semaines, débarrassée depuis plus d'un mois de toute
manifestation secondaire.

8° CAS. — *Excision 9 jours après l'apparition du chancre. Adénopathie.
Induration de la cicatrice. Insuccès. Accidents consécutifs graves.*

Jeune homme de 22 ans, graveur, de constitution délicate. Aucun
antécédent vénérien. Remarque, vers le 10 juillet, à la partie interne
et dorsale du prépuce, près du repli balano-préputial, une petite éle-
vure rouge, violacée, déterminant une certaine cuisson. En même
temps, se développait dans l'aine gauche un ganglion plutôt gênant que
douloureux. Quand le malade vint nous consulter, le chancre avait atteint
le volume d'une pièce de 50 centimes ; il était papuleux, rougeâtre,
humide ; ses bords étaient nettement sclérosés. Le ganglion de l'aine
gauche était gros comme une noix, dur et roulant sous le doigt, peu
sensible à la pression. A droite, chapelet ganglionnaire. Excision pratiquée le 19 juillet. Deux jours après, la plaie, malgré le pansement
habituel, n'avait aucune tendance à se réunir par première intention.
Les fils sont enlevés, il s'échappe un peu de pus. Un pansement avec
une pommade phéniquée est renouvelé chaque jour jusqu'à la fin du
mois de juillet, époque à laquelle la cicatrisation est définitive.

A ce moment, à la place du chancre, on sent une légère saillie
indurée. Le ganglion de l'aine gauche avait augmenté de volume ; il
était légèrement douloureux. Le chapelet ganglionnaire de l'aine droite
persiste. Maux de tête fréquents. Rien jusqu'au 14 août, où paraît une
roséole abondante, précédée de quelques jours de malaise.

Le 20 août, syphilides nombreuses du voile du palais et de la langue.
Un traitement énergique est institué. Malgré la docilité avec laquelle
le malade suit nos conseils, ses cheveux, ses cils tombent par places ;
des maux de tête fréquents troublent son sommeil ; il voit se succéder
des éruptions diverses, psoriasis palmaire, syphilides du cuir chevelu ;
jusqu'à ce jour, le malade, qui cependant a cessé de fumer dès les
premiers temps, est tourmenté de syphilides linguales et buccales des
plus tenaces. Son état général laisse beaucoup à désirer.

Dans cette troisième série, l'excision avait été faite dans des
conditions certainement favorables, puisque chez notre première
malade l'opération avait été pratiquée dès l'apparition des accidents. Malgré cela, ces deux malades ont été atteints d'accidents
graves et sont loin d'être débarrassés des assauts de la vérole.

Nous insisterons surtout sur ce fait que notre première malade, chez laquelle nous avions pratiqué l'opération prétendue

abortive, a présenté des manifestations graves qui résistent encore aujourd'hui à toute médication, tandis que sa sœur, atteinte en même temps qu'elle et soumise, dès le début, à un traitement spécifique, n'a eu que des accidents bénins et a pu quitter le service longtemps avant sa sœur.

Ainsi, nous avons pratiqué trois séries d'excisions. Dans deux cas, le traitement abortif a semblé donner un plein succès ; dans quatre autres l'intoxication a été bénigne ; dans les deux derniers enfin, la vérole s'est manifestée sous son apparence la plus grave.

Qu'allons-nous conclure de pareils résultats ?

1° Même dans les cas où l'excision semble être suivie de succès, on n'est pas en droit d'affirmer que l'opération a eu une influence abortive certaine. On a, en effet, observé des cas où des chancres d'apparence manifestement infectante n'ont pas été suivis de phénomènes secondaires ;

2° L'excision en elle-même n'est pas une opération dangereuse quand elle est accompagnée d'un pansement antiseptique approprié. La cicatrisation de la plaie s'effectue toujours rapidement, par première intention et sans donner lieu à aucune gêne ;

3° Cependant, il existe une difficulté très grande résultant du siège même de la lésion. Il y a, en effet, des chancres nombreux qu'il serait impossible de détruire sans mutiler les organes sur lesquels ils sont implantés ou sans produire des lésions dont les conséquences pourraient être sérieuses ;

4° L'évolution de la syphilis (adénopathie consécutive, accidents secondaires) ne semble nullement influencée par l'excision ;

5° On a prétendu que la syphilis était atténuée par l'excision ; que le chancre constituant un véritable foyer d'élaboration du virus syphilitique, sa destruction devait, par cela même, diminuer l'intensité de l'infection. Or, on ignore absolument ce que serait devenue la vérole chez ces malades non opérés ; de plus, l'observation de deux de nos malades prouve que l'excision, même pratiquée dans les conditions les plus favorables, ne met pas à l'abri d'une syphilis grave ;

6° En tout cas, en admettant que l'excision puisse prévenir ou modifier l'évolution de la syphilis, faudrait-il pratiquer cette opération dès le début des manifestations et avant toute propagation ganglionnaire, sans quoi on s'expose à voir apparaître rapidement l'induration de la cicatrice et l'adénopathie caractéristique qui peuvent être considérées comme les indices certains de l'insuccès de l'opération.

En résumé, l'excision n'empêche pas, dans la grande majorité des cas, la vérole de se généraliser, même quand l'opération est faite dans les conditions les plus favorables, et elle ne met pas les malades à l'abri d'accidents rebelles et prolongés qui auraient pu être évités s'ils avaient été soumis, dès le début de l'infection, à un traitement spécifique approprié.